我的蛋糕
美颜魔法

月满西楼 著

机械工业出版社
CHINA MACHINE PRESS

本书是烘培达人月满西楼继《烘培是个甜蜜的坑》之后又一力作。

作者立足家庭裱花装饰，用自己多年来蛋糕装饰的体会和经验，通过9个部分400余张示例图片，详尽地介绍了烘培食材、自制蛋糕配饰、水果搭配、手绘、转印、花朵裱花等技巧。

该书由浅至深、循序渐进，具有很强的知识性和可操作性，是不可多得的家庭裱花指导书籍，让烘培初学者在家也能轻松学会蛋糕装饰。

图书在版编目（CIP）数据

我的蛋糕美颜魔法/ 月满西楼著--北京：机械
工业出版社，2014.7（2016.6 重印）
ISBN 978-7-111-47489-0

Ⅰ．① 我 … Ⅱ．①月 … Ⅲ．①烘培-糕点加工 Ⅳ．①TS213.2

中国版本图书馆CIP数据核字（2014）第169945号

机械工业出版社（北京市百万庄大街 22 号 邮政编码 100037）
责任编辑：坚喜斌　於薇　杨冰　　　　　　版式设计：潜龙大有
责任印制：李洋　　　　　　　　　　　　　责任校对：赵蕊

北京汇林印务有限公司印刷

2016 年 6 月第 1 版第 8 次印刷
170mm×240mm · 8.75印张 · 82 千字
标准书号：ISBN　978-7-111-47489-0
定价：35.00元

多年以前，有一个小女孩常常趴在蛋糕店的橱窗外，看蛋糕师傅裱花。没有想到，有一天，她会在自己家的厨房做出比外面蛋糕店更有创意的生日蛋糕。

那个小女孩就是从前的我！

2009年2月，我把烤箱和裱花工具买回了家，完成了我人生当中的第一个奶油蛋糕。从那天开始，我就迷上了蛋糕装饰。

在繁忙的工作之余，我在网络上查资料、买书籍、跟网友交流……自己动手练习、钻研改进……就这样，一个个裱花蛋糕，就像变魔术似的出现在眼前。

感谢我的朋友们给我鼓励；感谢我的家人们给我支持；感谢我自己，这样忙忙碌碌地坚持了多年。

一年多以前，我实现了第一个梦想——出版了适合新手的基础烘焙书《烘焙是个甜蜜的坑》，得到了读者们的好评。但有朋友在博客和微博给我留言说：月满西楼，我们喜欢你的裱花蛋糕，多希望能看到你的蛋糕装饰书啊！

不同的读者有不同的需求。今天，我有幸与机械工业出版社合作，完成了自己的第二个梦想——一本家庭裱花蛋糕基础入门书，希望能给喜欢裱花、却因为刚入门而无所适从的朋友们一些帮助。

烘焙，是一条不归路，正是因为我们全身心的爱，才让我们挖空心思地去做出这些美丽的艺术品。

喜欢蛋糕裱花的朋友们，准备好工具和材料了吗？我们开始吧！

月满西楼（李丹）

2014.6 于成都

写在开始之前

◎ 本书笔者并非专业人士，书中介绍的是通过自学和实践总结出的裱花经验和手法，仅为喜欢蛋糕装饰的烘焙爱好者提供思路。

◎ 裱花是一个循序渐进的过程，对奶油或奶油霜的掌控不是一天两天就能一蹴而就的，要树立信心。
建议初学者从简单的蛋糕装饰开始，循序渐进。最终你一定能做出令人惊艳的蛋糕！

◎ 要勤于动手、总结经验。制作裱花蛋糕没有捷径，关键在于练习。切忌纸上谈兵——不停地询问却不动手练习是不可能取得进步的。

Part 4

常用奶油的介绍及打发、制作方法

Part 5

巧克力调温的方法及巧克力插牌的制作

Part 6

装花嘴和裱花袋的使用方法

Part 7

蛋糕抹平技法

Part 8

裱花蛋糕制作

Part 8

裱花蛋糕制作

Part 8

裱花蛋糕制作

Part 9

剩下的奶油怎么办

Part 1

蛋糕魔法：工具篇

工欲善其事，必先利其器。

常用工具

装饰蛋糕其实并不复杂，但是有些工具是必不可少的，这些工具成本不高，却方便实用，再经过反复的练习，一定会创造出更多更美丽的蛋糕来。

1. 打蛋器（电动、手动）：制作基础蛋糕体，打发蛋清、奶油、黄油的必备工具。

2. 打蛋盆：最好选取不锈钢材质，盆身较高，防止高速打发时材料溅出；底部与盆身的接口处呈圆弧形，方便刮取面糊或奶油。

3. 厨房秤、量勺：蛋糕体制作和外装饰材料的称量都必须用到，电子秤要求精确到克。

4. 粉筛：杯状的粉筛（上）用于过筛面粉用，小粉筛（下）用于在蛋糕表面筛精糖粉、可可粉之类的装饰。

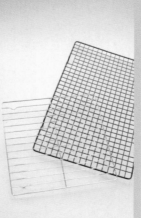

5. 刮刀：刮面糊和打发好的奶油、拌匀材料等。

6. 蛋糕模具、慕斯圈：烤蛋糕体和做慕斯。

7. 晾架：放置或晾凉蛋糕。

8. 锯齿刀、分片器：锯齿刀用于切割蛋糕；分片器可配合锯齿刀，将蛋糕均匀地分割成几层。

   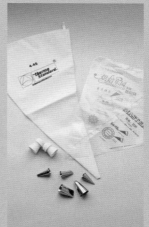

9. 裱花转台：裱花辅助工具，可灵活转动，将蛋糕体放在上面裱花，方便进行蛋糕装饰。

10. 抹刀、毛刷：抹刀是往蛋糕体上均匀涂抹奶油的必备工具；毛刷可以给蛋糕刷糖酒液，也可用于给水果表面刷镜面果胶。

11. 造型刮板：在抹好奶油的蛋糕体上刮出花纹，不同的齿纹能刮出不同的线条。

12. 裱花袋：

布质裱花袋：裱花时装打发奶油的工具，可反复清洗使用；

一次性裱花袋：裱花、勾线、画巧克力线条时可使用；

花嘴转换器：拆换不同花嘴装饰蛋糕，不用再换花嘴；

花嘴：塑造不同的奶油花造型。

13. 剪刀：做玫瑰花或其他奶油花时取下成品的辅助工具；

花丁：裱花朵时的底座。

14. 蛋糕纸托：放置裱花蛋糕体的底盘，纸质的居多，为一次性用具。自己在家制作蛋糕，也可用平底盘代替蛋糕纸托。

15. 镊子：装饰细小的装饰品时使用。

16. 巧克力模具：制作巧克力装饰品使用。

Part 2

蛋糕魔法：材料篇

巧妇难为无米之炊。

常用材料

制作蛋糕必须备有必要的材料，否则一切都是空谈。下面给大家介绍本书中会用到的主要材料。

1. 鸡蛋、低筋粉、白砂糖、糖粉

2. 玉米油、色拉油或黄油

3. 柠檬汁或浓缩柠檬汁

4. 动物淡奶油

5. 色素

6. 巧克力色素

7. 可可粉、可可脂巧克力

8. 咖啡力娇酒、朗姆酒、香草精

9. 吉利丁片

10. 镜面果胶

11. 各类装饰糖珠

12. 时令水果

Part 3

基础蛋糕体

永远的经典——"戚风蛋糕"与"全蛋海绵蛋糕"。

戚风蛋糕

用量表

名称	6 英寸⊖圆形烤模	7 英寸圆形烤模	8 英寸圆形烤模
鸡蛋	3 个	4 个	5 个
玉米油（或色拉油）	40g	50g	60g
牛奶（水或果汁）	50g	60g	70g
盐	微量	微量	微量
低筋粉	60g	75~80g	100g
白砂糖	30g	40g	50g
柠檬汁（或白醋）	少量	少量	少量
香草精	适量	适量	适量
烘烤温度和时间	170℃ 35 分钟	170℃ 40 分钟	170℃ 40 分钟

◆ 注意

(1)可可味戚风：可可粉和面粉用量

名称	6 英寸圆形烤模	7 英寸圆形烤模	8 英寸圆形烤模
可可粉	10g	15g	20g
低筋粉	50g	60~65g	80g

可可粉随低筋粉一起过筛后，按程序加入。

(2)巧克力味戚风：黑巧克力用量

名 称	6 英寸圆形烤模	7 英寸圆形烤模	8 英寸圆形烤模
巧克力戚风	25g	30g	35g

巧克力放入牛奶中隔水溶化后，按程序加入。牛奶可增加5~10g。

 材料（以6英寸圆形模具为例）

鸡蛋 3 个、玉米油 40g、牛奶 50g、低筋粉 60g、白砂糖 30g、盐微量、香草精适量、柠檬汁或白醋少量。

◆ 注意

戚风蛋糕在烤制过程中是会开裂的。

* ⊖ 1 英寸 = 0.0254m

戚风蛋糕的制作过程

1. 蛋黄、蛋清分离，分别放入无油无水的不锈钢盆中。在装蛋黄的盆中加入玉米油，用手动打蛋器搅拌均匀。（图①②）

2. 倒入牛奶，拌匀。（图③）

3. 筛入低筋粉和盐。（图④）

4. 用手动打蛋器快速拌匀面糊至光滑无颗粒。（图⑤）

5. 蛋清中加入白砂糖、滴入柠檬汁，用电动打蛋器中－高速打至粗泡，再改中速打至细泡，最后用低速打至干性发泡（用打蛋头拉起，蛋清成直立小尖角）。同时以170℃预热烤箱。（图⑥）

6. 将1/3的蛋清加入步骤4拌匀的面糊中，翻拌均匀。（图⑦）

7. 把步骤6倒回到打发好的蛋清中（图⑧），翻拌均匀，成光滑面糊。

8. 倒入直径6英寸的圆形模具中，轻轻震动模具，震出气泡后，入烤箱下层以170℃烤制30分钟。（图⑨）

9. 烤好后立即取出，将蛋糕倒扣在晾架上，直至完全晾凉再脱模。（图⑩）

最终成品

全蛋海绵蛋糕

用量表

名称	6 英寸圆形烤模	7 英寸圆形烤模	8 英寸圆形烤模
鸡蛋	2 个	3 个	4 个
白砂糖	60g	90g	120g
低筋粉	60g	90g	120g
盐	微量	微量	微量
牛奶（水或果汁）	10g	15g	20g
无盐黄油或色拉油	15g	23g	30g
烘烤温度和时间	180℃ 25 分钟	180℃ 30 分钟	180℃ 35 分钟

材料（以6英寸圆形模具为例）

　　鸡蛋 2 个、白砂糖 60g、低筋粉 60g、盐微量、无盐黄油 15g、牛奶 10g。

准备工作

　　裁剪烤纸，在模具底部和侧面抹上适量黄油，贴上裁好的烤纸，备用。（图①）

最终成品

全蛋海绵蛋糕制作过程

1. 盆中打入鸡蛋，加入白砂糖。（图②）

2. 用打蛋器将蛋打散，再隔水打发蛋液，水温约60℃。（图③）

3. 待蛋液温度达到约40℃的时候，停止隔水加热，高速打发蛋液。在此过程中，左手逆时针转动打蛋盆，打蛋器停留于同一位置，均匀打发蛋糊。（图④）此时可隔水融化黄油和牛奶，保持在约40℃的样子。（图⑤）

4. 待蛋糊状态黏稠，提起打蛋器，蛋糊很久才滴落一滴时，改低速打发，让蛋糊中的大气泡消除，蛋糊更加细腻。（图⑥）

5. 蛋糊搅拌好后，可用牙签检视，牙签插入蛋糊大约1cm，保持垂直不倒，即为最佳状态。（图⑦）此时可预热烤箱。

6. 将过筛的面粉倒入蛋糊中，左手逆时针转动打蛋盆，右手持刮刀翻拌面糊，将面糊拌至均匀无颗粒。（图⑧）

7. 将少量面糊放入隔水融化的牛奶黄油液中，拌匀。（图⑨）

8. 顺着刮刀将7倒入打蛋盆边缘，快速翻拌成光滑的面糊。（图⑩）

9. 将面糊倒入模具中。180℃，25分钟。（图⑪）

　　出炉后，倒扣到晾架上，晾凉后，揭掉烤纸。（图⑫）

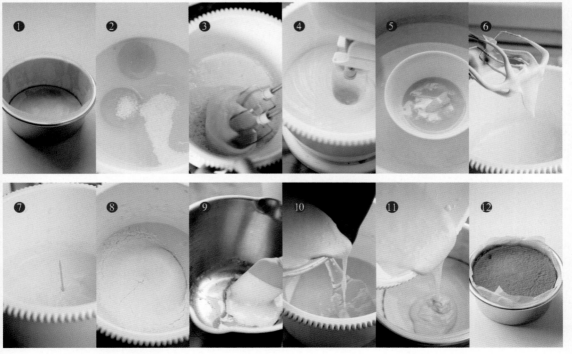

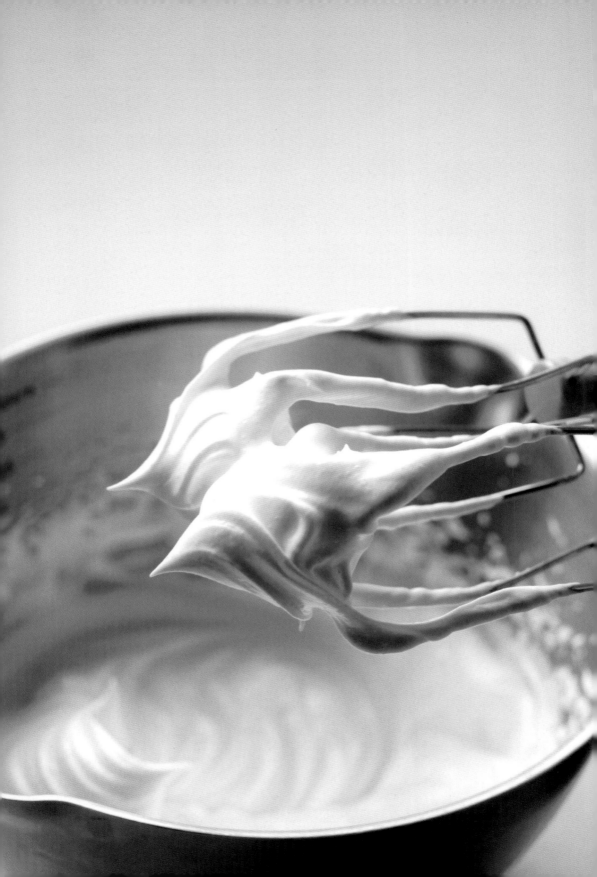

Part 4

常用奶油的介绍及
打发、制作方法

为奶油的选择、打发伤脑筋？
本章将告诉你怎样选择奶油、怎样打发
动物淡奶油以及如何制作意式奶油霜。

（一）常用奶油简介

关于奶油

在生活中常见的用于蛋糕体表面抹平和造型的奶油主要有：植物奶油、动物淡奶油和意式奶油霜。

植物奶油

即人造奶油，以氢化植物油脂、乳化剂、稳定剂、香精等制成，主要特点是：使用方便、稳定性强、塑形好、价格低廉。

可以用做新手练习抹平和裱花使用。

保存方法：冷冻。

动物淡奶油

有些书籍中称其为"鲜奶油"，是从牛奶中分离出来的天然奶油，乳脂含量一般在 35% 以上，可用于咖啡和一般甜点。加入适量白砂糖打发成型后，可用于蛋糕表面装饰。

但由于其天然特性，对温度要求较高，所以需冷藏保存。打发、装饰以及成品保存，都对温度有要求。

开封后注意密封、冷藏保存，一周之内用完。

保存方法：冷藏。

意式奶油霜

由黄油、蛋清、白砂糖、水制作而成的奶油霜，其特点是塑形效果好、制作简单，可用于蛋糕表面复杂花朵塑形。

成品保存方法：冷藏或冷冻。

（二）常用奶油打发、制作方法

🍰 植物奶油的打发

🍰 动物淡奶油的打发

🍰 意式奶油霜的制作

植物奶油的打发

① ②

1. 从冷冻室中取出奶油，根据用量切割一部分到打蛋盆中，放入冰箱冷藏室，至融化。（图①）

2. 用打蛋器高速打至出纹路后，改为中低速，打发至拉起有直立尖角即可使用。（图②）

🍨 注意

天气太热的情况下，如果要用植物奶油做裱花练习，最好将打蛋盆放在冰水打发或者开空调。

最终成品

动物淡奶油的打发

本书中动物淡奶油和
白砂糖的比例为 10:1

 准备工作

取一不锈钢盆放入
冰块。将打蛋盆放入冰
水中隔冰水打发。

◆ 注意

动物淡奶油对温度要
求较高，当室温高于 25℃
时，为了保证奶油的塑形
效果，最好开空调制作。

1. 从冷藏室中取出动物淡奶油，倒入不
   锈钢盆中。（图①）

2. 在奶油中加入白砂糖，电动打蛋器调
   至中速，开始打发奶油。（图②）

3. 奶油成黏稠状态时为 4~5 成发。（图③）

4. 打蛋器调整至低速（1 档），继续打发。
   之后奶油略有纹理，晃动打蛋盆，有
   轻微流动性，为 6~7 成发。（图④）

5. 继续打发，用打蛋器拉起检视，拉起
   有下垂弯钩状态，为 8 成发。（图⑤）

6. 之后继续打发，奶油出现明显、不易
   消散的纹路，表面光滑，拉起成直立
   坚挺状，此时为完全打发状态，可用
   于蛋糕表面装饰。（图⑥）

意式奶油霜的制作

最终成品

材料

A　无盐黄油 125g，天然香草精数滴

B　蛋清 50g，白砂糖 20g

C　水 20g，白砂糖 20g

◆ 注意

　　在操作第 4 步时，因为温度原因会出现奶油霜粗糙、不融合的情况。此时，将装奶油霜的容器坐入 35℃的温水中，迅速搅打。待奶油霜状态柔滑之时，立即将盆从温水中取出。

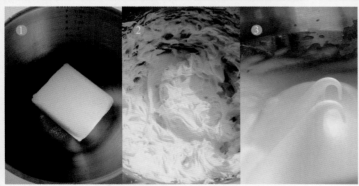

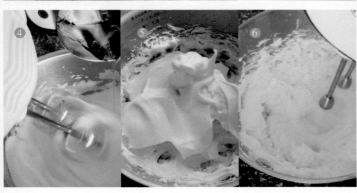

1. 无盐黄油室温软化后，用电动打蛋器打发。（图①②）

2. 把 B 料中的白砂糖倒入蛋清中，打发至湿性发泡，拉起成弯钩状。（图③）

3. 将 C 料中的水和白砂糖倒入小锅中，加温至 118~121℃，冲入打发的蛋清中，边倒边用电动打蛋器打发，打至蛋清降至室温。（图④）

4. 将 3 分两次倒入 1 中，滴入天然香草精，打发均匀即可使用。（图⑤⑥）

可根据需要添加色素，进行装饰。

小贴士
用不完的奶油霜，装入容器中封好，冰箱冷藏保存，5 天内用完。

Part 5

巧克力调温的方法及
巧克力插牌的制作

还在为巧克力配件伤脑筋？
只要掌握了温度和方法，就可以自己在
家用可可脂巧克力制作蛋糕装饰插片。

巧克力调温

家庭巧克力调温，可以采用家用的恒温巧克力锅。如果没有，也可以用隔水加热的方法。

≣ 材料

可可脂黑巧克力适量、巧克力锅一个、大锅一个，水适量，温度计一支。

≣ 准备工作

巧克力锅洗净、晾干，保证锅内无水。

≣ 白巧克力常规操作温度

40℃ ————26℃ ————29℃

方法同巧克力调温

◆ 注意

不同厂家生产的巧克力有不同的温度要求，因此，需注意包装背面的调温说明。

≣ 调温方法

1. 大锅内加入水，巧克力锅内放入可可脂黑巧克力，将巧克力锅坐入大锅内。（图①）

2. 打开火，将水温升至60℃左右，巧克力慢慢融化后，用刮刀搅拌均匀，将巧克力温度控制在大约在50℃以内。

   切记：水保持恒温，切勿继续加温。

3. 将巧克力锅取出，放入冷水中，边搅拌边降温至28℃左右。

4. 将小锅放回热水锅中，让巧克力回温至32℃，并持续恒温。

   调温后的巧克力光亮柔滑，此时属于最佳使用状态。（图②）

❶

❷

巧克力插牌制作

材料

可可脂黑巧克力、可可脂白巧克力适量，巧克力插牌模具 1 个。

制作方法

1. 黑、白巧克力分别调温融化，装入裱花袋。

2. 将白巧克力挤入模具字体处，震一下模具，让巧克力完全填入字体缝隙。（图①）

3. 取一消过毒的抹布，擦掉字体缝隙旁多余的巧克力。（图②）

4. 挤入黑巧克力填满模具。（图③）

5. 轻轻震平表面，入冰箱冷冻。（图④）

6. 冻至巧克力完全凝固后取出，在案板上翻过来轻轻敲一下，巧克力插牌就掉出来了。

最终成品

Part 6

装花嘴和裱花袋的使用方法

奶油裱花必须用到裱花嘴、裱花袋等辅助工具。
正确的使用方法可让你在裱花时轻松操作。

如何装花嘴

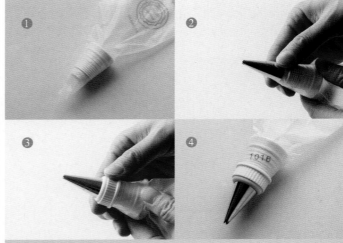

方法1：

　　中途不需要换花嘴改变造型的时候，可将裱花袋剪开适当大小的口子，把花嘴放入裱花袋中，塞紧，即可使用。（见上图）

方法2：

　　需要改变裱花造型的时候，可使用花嘴转换器。

1. 将花嘴转换器的后半部分塞入裱花袋，测出大小后，在裱花袋上剪个合适的口子。（图①）
2. 套上花嘴。（图②）
3. 把花嘴转换器的螺帽旋紧。（图③④）

如何把打发好的奶油装入裱花袋

1. 将装好裱花嘴的裱花袋套在手上或杯子上。（左图①）
2. 放入打发好的奶油。（左图②）
3. 提起裱花袋，垂直向下，一只手拿着裱花袋子上方一侧，另一只手顺着裱花袋轻轻往下捋，将奶油赶到一起。（左图③）
4. 拧紧裱花袋上方没奶油的部分。（左图④）
5. 拧紧后在食指上绕一圈，以固定裱花袋。（左图⑤）

如何正确手持裱花袋裱花

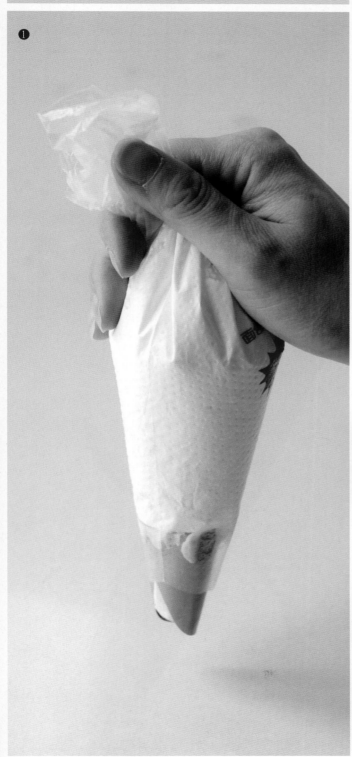

1. 单手持裱花袋方法。（图①）
2. 双手持裱花袋方法：右手持裱花袋，左手轻轻扶住花嘴的末端。（图②）

Part 7

蛋糕抹平技法

掌握蛋糕抹平技法，勤加练习，
让你的蛋糕表面更光滑。

蛋糕抹平技法

1. 将分割好的蛋糕放一片到裱花转台上，用刮刀将少量打发奶油放到蛋糕片上。（图①为手持抹刀的正确方法）
2. 左手缓慢转动裱花台，左右抹开奶油，至离蛋糕边缘约1cm的地方。（图②）
3. 在抹好的奶油上放上水果粒。（图③）
4. 放上第二片蛋糕，用手轻轻地拍，将两片蛋糕拍紧、压平。（图④）
   按上述方法，继续操作蛋糕的第二层夹馅，然后放上第三片蛋糕。
5. 放适量打发奶油到第三片蛋糕上，用抹刀前端来回抹开，多余的奶油会挂在蛋糕边缘，垂一点点到侧面。（图⑤⑥）

   操作此步骤时需注意，抹刀在奶油上移动时不能碰到蛋糕体，这样奶油中才不会粘上蛋糕屑。
6. 用抹刀取少量打发奶油，将抹刀垂直于裱花转台，左手轻轻转动裱花转台，同时左右来回抹动，将奶油抹到蛋糕侧面。依照此方法，将奶油抹满整个蛋糕体侧面。（图⑦）
7. 擦干净抹刀，将其垂直于裱花转台，贴住蛋糕侧面，转动裱花转台，顺着转动的方向将蛋糕侧面抹平。此时蛋糕侧面抹出的奶油一定要高出蛋糕平面。（图⑧）

   需注意：如果一次没有抹平，可将抹刀上的奶油放回打发盆中，擦干净抹刀再抹一次。
8. 抹刀擦净，平放于蛋糕顶端的边缘，由外侧向中心刮平表面。（图⑨）

最终成品

Part 8

裱花蛋糕制作

准备好材料和工具，从最简单的裱花蛋糕
开始，循序渐进，跟我一起装饰蛋糕吧！

（一）不需要裱花的蛋糕

刚开始装饰蛋糕表面时，

不知道从何下手？

不会抹平表面？

不知道怎样装饰蛋糕？

我们可以利用市售的食材装饰蛋糕！

其实，只需要动动脑筋，装饰

蛋糕就会成为简单的事情。

七彩糖豆

利用现成的材料，装饰出漂亮的蛋糕，既简单，又解决了新手不会抹平蛋糕表面的问题。

最终成品

 材料

- · 6英寸心形蛋糕体
  一个
- · 打发动物淡奶油
- · 市售条形饼干或手
  指饼干适量
- · 七彩糖豆或巧克力
  豆适量
- · 丝带一根

 蛋糕装饰过程

1. 蛋糕体分片、夹
   馅，表面简单抹
   平。（图①）
2. 在蛋糕侧边整齐
   地粘上饼干。
   （图②）
3. 在蛋糕上面撒上
   糖豆，最后系上
   丝带即可。（图③）

白森林

用巧克力屑粘满蛋糕表面，再加上简单的配饰，既不用考虑表面抹平，又很方便新手操作。

最终成品

材料

· 6 英寸圆形蛋糕体一个
· 打发动物淡奶油
· 可可脂白巧克力适量
· 圆形不锈钢切模一个
· 草莓 4 个，银珠糖少量

准备工作

　　可可脂白巧克力调温融化，凝固后使用。

蛋糕装饰过程

1. 蛋糕体切片、夹馅，略作表面抹平。
2. 用圆形切模在凝固的白巧克力上刮屑。（图①）
3. 用巧克力铲给蛋糕体粘上巧克力屑。（图②③）
4. 在蛋糕放上切半的草莓，撒少量银珠糖（草莓切面上可刷上微量镜面果胶。（图④）

小贴士

1. 刚刚凝固的可可脂白巧克力软硬适度，刮取的巧克力屑成品更漂亮。
2. 用同样的方法刮取黑巧克力屑装饰，可在樱桃季用樱桃制作黑森林蛋糕。（黑森林蛋糕装饰可参考《烘焙是个甜蜜的坑》）

（二）巧用小配饰装饰蛋糕

利用食材和自制的巧克力配件，
蛋糕变出了新花样！

万圣节蛋糕

抹平后的蛋糕体，加上方便取材的饼干和巧克力豆做简单的表面装饰，即可完成一款可爱的万圣节蛋糕。

最终成品

 材料

- 6英寸圆形蛋糕体一个
- 打发动物淡奶油
- 奥利奥饼干1袋，mini 奥利奥饼干一杯，巧克力豆一包。

 蛋糕装饰过程

1. 蛋糕分片、夹馅后用打发奶油抹平表面。（图①）
2. 奥利奥饼干掰开，取用有白色夹馅的一边。（图②）
3. 巧克力豆蘸微量打发奶油，贴到饼干的白色夹馅上。（图③）
4. 将做好的饼干片贴到蛋糕的适当位置上。

小黄鸭

利用巧克力模具做出简单搭配，做出可爱的童趣蛋糕。

最终成品

材料

- ·8英寸圆形蛋糕体一个
- ·打发动物淡奶油
- ·可可脂白巧克力适量
- ·巧克力色素：粉、黄、天蓝、桔、紫色
- ·巧克力模具：扣子形模具、儿童玩具模具
- ·裱花嘴：10号

巧克力扣子制作方法

1. 可可脂白巧克力隔水融化。（巧克力调温参见P34页）
2. 将巧克力分别调好颜色，倒入巧克力模具中，入冰箱冷冻。（图①②）
3. 巧克力完全凝固后取出，迅速脱模。（图③④）

蛋糕装饰过程

1. 蛋糕体切片、夹馅，用打发奶油做表面抹平。
2. 将小黄鸭放在蛋糕正中央，各色巧克力扣子、摇铃、积木，随意贴在蛋糕上。（图⑤）
3. 用10号花嘴在底边处挤出一圈圆形花边。

圆形花边示范图①②

手持裱花袋，稍微倾斜一点，微微离开蛋糕，留出一点点距离，挤出均匀的圆形后，停止施力，迅速移开花嘴。

◆ 注意
离开蛋糕体的距离决定了圆形花边的大小。

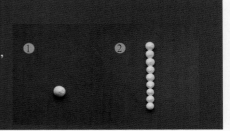

巧克力围边蛋糕

　　侧边用巧克力围边遮住，既好看，又不用担心不会抹平侧面的问题。

最终成品

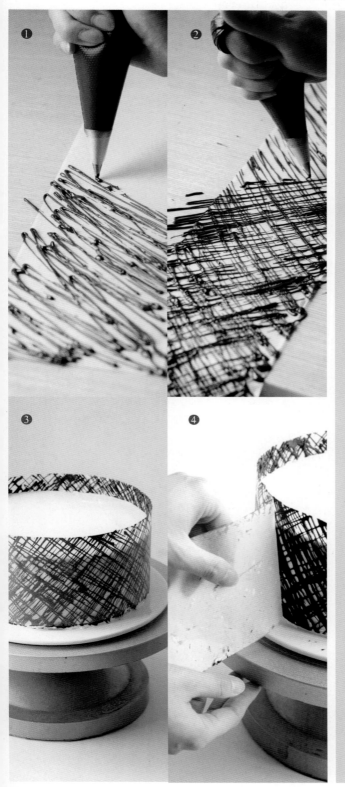

材料

- · 8英寸圆形蛋糕体一个
- · 打发动物淡奶油
- · 花嘴：2号
- · 可可脂黑巧克力约50g，
  时令水果适量
- · 烤纸一张

蛋糕装饰过程

1. 蛋糕夹馅后用打发奶油简
   单抹平表面。
2. 裁一张烤纸，长度与抹好
   奶油的蛋糕体周长一样，
   高度高出蛋糕体约2cm。
   隔水融化巧克力，装入裱
   花袋，在烤纸上随意画出
   斜纹，之后反方向画出随
   意的斜纹，成品纹路成交
   叉状。（图①②）
3. 将画好巧克力的烤纸放置
   一段时间，中途多次观察，
   待巧克力微微凝固至略有
   点黏手，即可小心地贴在
   蛋糕体周围。用手指轻压，
   使画好的巧克力线条贴紧
   蛋糕表面奶油。
   入冰箱冷藏至巧克力冻硬。
   （图③）
4. 从冰箱中取出蛋糕，小心
   撕下烤纸，此时巧克力已
   粘在了蛋糕上。（图④）
5. 根据自己的喜好在蛋糕表
   面摆放切好的水果，刷上
   镜面果胶，并在旁边留好
   的空白处写字。

麻将蛋糕

利用巧克力模具，做一个逼真又好吃的麻将蛋糕。

材料

- 20cm 边长的正方形蛋糕体一个
- 打发动物淡奶油
- 可可脂白巧克力，可可脂黑巧克力
- 巧克力色素：红色、蓝色、绿色
- 普通色素：绿色
- 巧克力模具两个，勾线笔一支
- 裱花嘴：48 号、16 号、18 号

巧克力麻将制作方法

材料

- 可可脂白巧克力适量，戚风蛋糕片 1 片。（切割成 14 片能放入麻将模具的小蛋糕片）
- 巧克力色素：红色、蓝色、绿色。
- 勾线笔一支。

准备工作

1. 可可脂白巧克力调温融化，装入裱花袋。
2. 烤一小块蛋糕，并切出比巧克力模具小一些的长方形。

巧克力麻将制作过程

最终成品

1. 将巧克力挤入模具中，填满约 1/2 的地方。（图①）

2. 放入一片小于麻将模具的蛋糕片。（图②）

3. 挤入白巧克力，盖住蛋糕。（图③ ）

4. 入冰箱速冻，凝固后脱模。（图④）

5. 用勾线笔将色素轻轻刷入凹槽中，描画出图案。（图⑤）

蛋糕装饰过程

1. 蛋糕体夹馅，表面简单抹平。（图①）
2. 调温融化可可脂黑巧克力（巧克力调温参见P34页），搅拌至巧克力凉了之后，淋入打发的动物淡奶油中，边倒边慢速搅拌均匀，装入裱花袋。用48号花嘴在蛋糕四周直立挤出直线花边，围满整个蛋糕侧面。
3. 取一裱花袋，装入绿色奶油，在裱花袋顶端剪一小口；将裱花袋垂直于蛋糕表面，随意地挤出奶油细丝，布满蛋糕表面。（图③）
4. 在蛋糕体四周用巧克力奶油挤上贝壳花边，16号花嘴用在表面四周，18号用于底边四周。（图④）
5. 最后放上做好的巧克力麻将和骰子（图⑤）

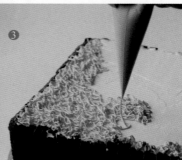

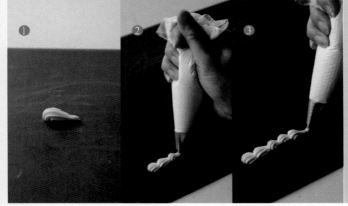

贝壳花边技法：

手持裱花袋，向右倾斜45°，均匀用力，挤出有半圆弧度的形状，再轻缓拉出，收尾拉出尖。

用上述手法连续挤出，大小一致，即可挤出贝壳花边。

◆ 注意

挤花边时，后一个要略遮住前面一个的尾部。

（三）表面造型简单的水果蛋糕

水果蛋糕是一个经典的主题，漂亮、健康的
时令水果，加上美味的蛋糕，总是让人喜悦！
用一块小小的造型刮板，加上简单的花边，
配上时令水果，让你的蛋糕更加出彩。

裙边草莓蛋糕

奶油花边点缀，中间堆满草莓。适合新手操作。美观、简单、大方！

最终成品

材料

- 6 英寸圆形蛋糕体一个
- 打发动物淡奶油
- 草莓适量
- 花嘴：104 号（裱裙边花边用）
- 造型刮板 1 个

造型刮板刮边方法

蛋糕抹平，手握造型刮板，挨着蛋糕侧面呈 45°，转动转台，刮一圈，形成波纹造型。

蛋糕装饰过程

1. 蛋糕夹馅，表面抹平。（图①）
2. 侧面用刮板刮出均匀的花纹。用 104 号花嘴，在蛋糕表面边缘部分挤出两层褶皱花边。（图②③）
3. 在蛋糕表面中间随意放上切半的草莓即可。

褶皱花边裱花技法

花嘴大头朝内、小头朝外，向右倾斜 45°，均匀用力挤出一小段后，往回收一点点，再照此方法继续裱下一个褶皱。

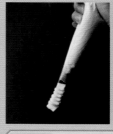

小贴士
裱每一圈褶皱花边应均匀用力，中间不断裂。

樱桃蛋糕

🎂 材料

- ·6英寸圆形蛋糕体一个
- ·打发动物淡奶油
- ·樱桃适量
- ·色素：粉色
- ·花嘴：18号、5号
- ·造型刮板1个

🎂 蛋糕装饰过程

1. 打发奶油，将用于抹面的奶油调成浅粉色。
2. 蛋糕夹馅，表面用浅粉色打发奶油抹平，边缘用造型刮板刮出均匀花纹。（图①）
3. 用18号花嘴，用原色打发奶油在蛋糕表面边缘挤一圈花边，再在蛋糕底边加一圈圆形花边。（图②）
4. 在圆形花边中间随意放上樱桃。
5. 最后可放上巧克力插牌。（巧克力插牌的制作方法参见本书P35页《巧克力插牌制作》

🎂 花边示范图

1. 顺时针方向旋转裱花嘴，轻缓拉出，收尾处向下拉出尖。
2. 逆时针方向旋转裱花嘴，轻缓拉出，收尾处向下拉出尖。
   一正一反，循环挤出一圈花边。

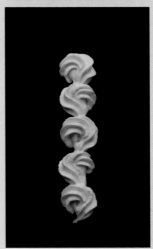

小贴士

挤花边时，后一个要略遮住前一个的尾部。

圣安娜花边蛋糕

最终成品

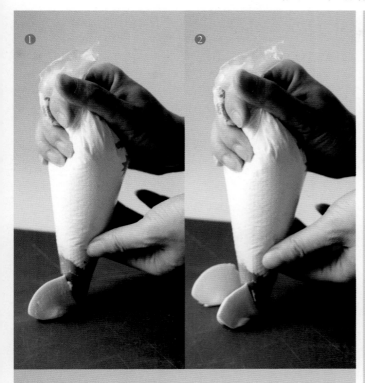

 材料

- ·6英寸圆形蛋糕体
  一个
- ·打发动物淡奶油
- ·时令水果适量
- ·花嘴：圣安娜花嘴
  （中号）
- ·造型刮板1个
- ·巧克力拉线膏、镜
  面果胶适量

 蛋糕装饰过程

1. 蛋糕夹馅，表面抹
   平，边缘用刮板
   刮出均匀的花纹。
   （图①）
2. 圣安娜花嘴垂直于
   蛋糕表面约5mm
   距离，向后轻拉出
   一段距离后收力。
   （图②）
3. 按步骤1的方法在
   蛋糕边缘裱一圈花
   边。（图③）
   用巧克力拉线膏在
   裱好的圣安娜花边
   上随意拉上线条。
4. 在蛋糕中间空白
   处放上时令水果切
   片，刷上镜面果胶。

波浪花边水果蛋糕

最终成品

材料

- · 8 英寸椭圆形蛋糕体一个
- · 打发动物淡奶油
- · 草莓、蓝莓适量，马卡龙 2 ~ 3 个
- · 花嘴：圣安娜花嘴（中号）
- · 造型刮板 1 个
- · 镜面果胶适量

蛋糕装饰过程

1. 蛋糕体切片、夹馅，表面抹平，侧面用造型刮板刮出波浪纹。

2. 圣安娜花嘴垂直、距蛋糕表面约5mm，开始挤出，左右摆动形成波浪花边。（图①②③④）

3. 在波浪花边的左右和上方，根据自己的喜好随意放上切半的草莓、蓝莓和马卡龙，并在水果表面轻轻刷上镜面果胶。（图⑤）

（四）纯奶油装饰

蛋糕就像一块画布，
动动脑筋，就可
以在上面作画！

旋转玫瑰蛋糕

渐变色加旋转玫瑰，打造简单、优雅的蛋糕。

最终成品

▣ 材料

· 6 英寸红丝绒蛋糕体一
　个
· 打发动物淡奶油
· 色素：粉色
· 花嘴：20 号 , 4 个
· 裱花袋：4 个

▣ 准备工作

　　将打发好的奶油分
成 4 份，其中 3 份用色
素调出不同深浅的粉色，
装入裱花袋备用。

▣ 旋转玫瑰裱花技法：

　　裱花袋向右倾斜
15°，手腕转动，向顺
时针方向旋转。（图①）

▣ 蛋糕装饰过程

1. 蛋糕切片，用水果和
　 奶油夹馅，简单抹平
　 表面。
2. 蛋糕最底层用最深的
　 粉色奶油裱旋转玫瑰
　 造型一圈。
3. 中层用略浅的粉色
　 裱出旋转玫瑰造型一
　 圈。
4. 顶层用最浅的粉色
　 裱出旋转玫瑰造型一
　 圈。
5. 蛋糕体表面用原色奶
　 油以环形裱满旋转玫
　 瑰造型。

紫色浪漫—渐变色蛋糕

渐变色加旋转玫瑰，既美观又简单。

最终成品

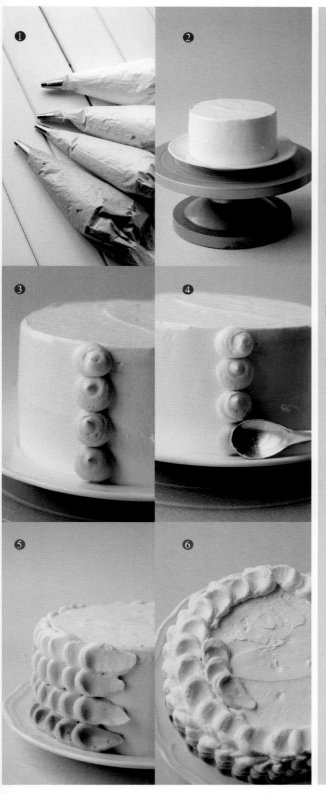

材料

· 6 英寸圆形蛋糕体一个
· 打发动物淡奶油
· 色素：紫色
· 12 号花嘴 4 个，裱花袋 4
　个，不锈钢小勺 1 个

准备工作

　　将打发好的奶油分成 4 份，
其中 3 份调出不同深浅的紫色，
装入裱花袋备用。（图①）

蛋糕装饰过程

1. 蛋糕用水果和奶油夹馅
　 后，简单抹平表面。（图
　 ②）
2. 蛋糕最底层用最深的紫色奶
　 油垂直于蛋糕表面，挤出圆
　 形；并依颜色由深到浅、顺
　 序由下到上，依次挤出圆形。
　 （图③）
3. 用勺子从圆形奶油约 1/2 处
　 开始，依次向右刮。（图
　 ④⑤）
4. 之后再重复步骤 2 ~ 3，裱
　 满蛋糕侧面一圈。
5. 顶层先从最外围一圈开始，
　 先用白色的奶油做一圈造
　 型。之后，以由外向里、由
　 浅到深的顺序，按步骤 2 ~ 3
　 的方法，裱满整个顶层表面。

小贴士
由于有表面造型，所以蛋糕不
用抹至纯平。

缎带蛋糕

用玫瑰花嘴塑造优雅的褶皱缎带。

最终成品

材料

· 6 英寸圆形蛋糕体一个
· 打发动物淡奶油
· 色素：粉色。
· 104 号花嘴 1 个

蛋糕装饰过程

1. 蛋糕夹馅后，简单抹平表面。（图①）
2. 用抹刀在蛋糕侧面打好相应宽度的格子。
3. 从抹好的蛋糕体侧面的底部开始，由下到上，将玫瑰花嘴大的那一头轻挨蛋糕体，手左右摆动，力度均匀地挤出褶皱缎带。按此方法挤满一圈（图③～⑥）
4. 蛋糕顶部造型：玫瑰花嘴大头朝向蛋糕中心，从外圈到内圈匀速用力，挤出缎带状奶油，将表层挤满即可（图⑦）。

小贴士

1. 由于表面都会用奶油覆盖，所以蛋糕一开始不用抹至纯平。
2. 裱表面缎带造型时，用力要均匀，从底部一次挤到顶部，不要停顿，也不能让缎带断掉。
3. 顶部褶皱缎带花边参见本书 P66 页《裙边草莓蛋糕》。

彩虹蛋糕

利用多齿花嘴挤出星星花，变换不同的颜色做出彩虹。既好看，又简单，深受小朋友喜欢。

■ 材料

　・8英寸圆形蛋糕体一个
　・打发动物淡奶油
　・色素：红色、黄色、蓝色、紫色
　・花嘴：21号4个、10号1个、3号1个
　・甘纳许或巧克力拉线膏

■ 准备工作

　　将打发好的奶油取出少部分，分成5份，其中4份调出红、黄、蓝、紫四色，另一份保留原色，分别装入裱花袋备用。

蛋糕装饰过程

1. 蛋糕用水果和奶油夹馅后，简单抹平表面。用紫色奶油在表面最外围，整齐地挤出两排紫色星星花，在蛋糕表面形成半圆形。（图①）
2. 依照同样的方式，依次挤出蓝色、红色和黄色的星星花，其中黄色挤三排。（图②－④）
3. 用圆头花嘴在彩虹两端挤出层叠的云朵状奶油，并在彩虹中间随意加上小云朵。（图⑤）
4. 用甘纳许或巧克力拉线膏写出文字。（图⑥）
5. 在蛋糕表面和侧面的适当的位置挤上云朵。（图⑦）
6. 在蛋糕侧面底部用蓝色奶油挤出贝壳花边。（图⑧）

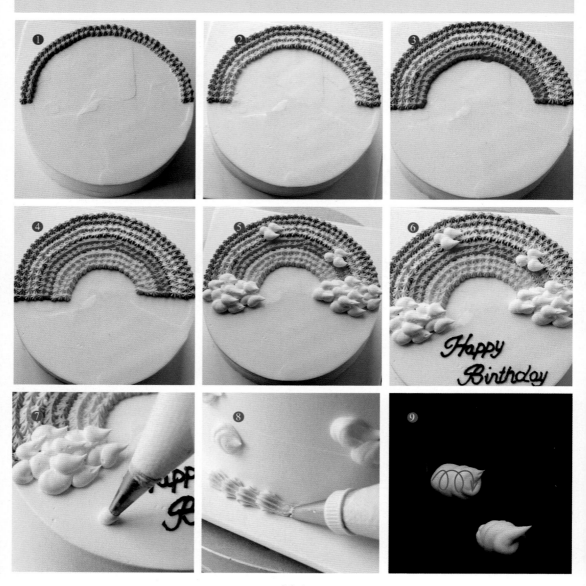

云朵裱花技法

　　手持裱花袋，离开蛋糕一点点距离，垂直于蛋糕表面，连续转圈两次，收力拉出尾尖。（图⑨）

贝壳花边技法

参见本书 P63 页《麻将蛋糕》。

附：写字用巧克力甘纳许的做法

 材料

巧克力 20g，动物淡奶油 10g。

蛋糕装饰过程

1. 大锅内加入水，巧克力锅内放入可可脂黑巧克力和鲜奶油。
2. 打开火，将水烧热，但不要烧开，将巧克力锅坐入水中，待巧克力慢慢融化后，用刮刀搅拌均匀。
3. 取出巧克力锅，用刮刀继续搅拌至微温、略有成型感后，装入裱花袋。

（五）纯手绘蛋糕

蛋糕就像一块画布，
动动脑筋，一样可
以在上面作画！

恐龙蛋糕

利用星星花嘴，通过不同颜色的点描，组合成的花朵形蛋糕。

最终成品

材料

- · 15cm 边长正方形蛋糕体一个
- · 打发动物淡奶油
- · 水果适量
- · 色素：森林绿色、柠檬黄色
- · 巧克力拉线膏，镜面果胶
- · 竹签一根、造型刮板一个
- · 花嘴：10 号

准备工作

　　镜面果胶两份，一份用柠檬黄色素调好，一份用森林绿色素调好。

蛋糕装饰过程

1. 蛋糕分三片，用水果和奶油夹馅。（图①）
2. 简单抹平表面，侧面用刮板刮出波浪造型。（图②）
3. 在蛋糕表面用竹签勾出恐龙的形象，用巧克力拉线膏拉出主体线条。（图③）
4. 奶油调成绿色，在恐龙身体上挤细丝。
5. 镜面果胶分别调成绿色和黄色，在恐龙腹部和背脊处填满颜色。
6. 在恐龙四周挤上原色奶油细丝。并用 10 号花嘴在蛋糕表面四周和底边四周挤上圆形奶油花边。

小贴士
1. 由于蛋糕表面都会用奶油挤丝覆盖，所以一开始不用抹至纯平。
2. 如果怕画不好恐龙，可以先在蛋糕体表面用竹签划出格子，方便各部分定位。因最后表面会被挤出的细丝遮住，所以不会被看到格子。
3. 挤丝时用一次性裱花袋装入奶油，在裱花袋顶端剪一个极小的口，随意凌乱地挤出细丝即可。

向日葵蛋糕

利用裱花袋随意挤出的细丝装饰表面，看似凌乱，整体效果却随意可爱。

最终成品

材料

- 6英寸半圆形蛋糕体一个（可用普通蛋糕体，修剪边缘后使用）
- 打发好的动物淡奶油适量
- 甘纳许：黑巧克力20g，动物淡奶油20g
- 色素：黄色、橘黄、绿色
- 花嘴：18号（花瓣、花心）、20号（白色侧边）、353号（底部浅绿色花边）、10号

准备工作

熬制甘纳许（做法参见P85页）
将甘纳许装入裱花袋，待甘纳许略晾凉，能挤出立体花型后即可使用。

蛋糕装饰过程

1. 蛋糕切片、夹馅，简单抹平表面。（图①）
2. 用圆形切模在蛋糕中心印一个圆形。（图②）
3. 在圆形中间挤满甘纳许星星花。（图③）
4. 用竹签划出花瓣印记。（图④）
5. 用浅黄色奶油裱出花瓣边缘。（图⑤）
6. 填满花瓣。（图⑥）
7. 在浅黄色花瓣上错开位置，用橘黄色奶油挤出星星花，描出花瓣形状。（图⑦）
8. 用星星花填满橘黄色花瓣。（图⑧）
9. 用原色奶油填满花瓣下方的空白处（裱花袋垂直于蛋糕侧面，上下划动挤出花边），再用浅绿色奶油裱出底部花边。（图⑨⑩）

星星花裱花技法

手持裱花袋，垂直于蛋糕体表面，直立挤出。

小贴士

1. 裱浅绿色底边花纹，也可用68号叶子花嘴代替。
2. 浅绿色花边裱花技法，与贝壳花边技法相同，可参见本书P60页《麻将蛋糕》。

爱莲说

利用果膏在奶油表面做中国画风格蛋糕。

最终成品

📑 材料

- ·6 英寸圆形蛋糕体一个
- ·打发动物淡奶油
- ·色素：绿色、红色
- ·巧克力镜面果胶、透明镜面果胶
- ·竹签一根、造型刮板一个

📑 准备工作

1. 将巧克力拉线膏、巧克力镜面果胶分别装入裱花袋。
2. 透明镜面果胶 4 份，分别用色素调出红色、浅红色、深绿色、浅绿色，装入裱花袋。

3. 使用之前，在装好各色镜面果胶和巧克力拉线膏的裱花袋上，剪一个细小的口。

蛋糕装饰过程

1. 蛋糕体切片、夹馅，抹平表面，侧面用造型刮板刮出波浪纹。
2. 在蛋糕表面用竹签勾出荷花的主体形象。（图①）
3. 用浅绿色镜面果胶勾勒荷花底部的水波纹，之后用深绿色镜面果胶调节色彩。（图②）
4. 用红色镜面果胶勾勒荷花边缘及花瓣上的线条。（图③）
5. 用巧克力拉线膏拉出荷叶和花茎的主体线条。（图④）
6. 荷叶部分用巧克力镜面果胶填满。（图⑤）
7. 竹签略横握，在荷叶部分根据情况推出自然层次感。（图⑥）
8. 用浅红色镜面果胶给花瓣填上色彩。
9. 用巧克力拉线膏给花茎点上皮刺，并在旁边落款，然后用红色镜面果胶画出印章效果。

（六）转印法蛋糕

绘画功底不好，
手绘蛋糕难度太大了！
别担心，有妙招！
无论你画功如何，
美貌的蛋糕都会从
你手里产生！

巧克力转印—愤怒的小鸟

巧克力转印图和简单的奶油挤花，塑造出可爱的卡通背景蛋糕。

最终成品

🍰 材料

- · 8 英寸圆形蛋糕体一个
- · 打发动物淡奶油
- · 奶油色素：红色
- · 巧克力色素：红色、粉红色、柠檬黄
  色、天蓝色
- · 竹签一根，18 号花嘴两个，烤纸一张
- · 可可脂黑巧克力，白巧克力

🍰 巧克力转印图案制作

1. 将可可脂黑巧克力和白巧克力分别调
   温融化。白巧克力分别调好色素装入
   裱花袋。
2. 在烤纸上画上"愤怒的小鸟"，翻面。
   （图①）
3. 在烤纸上用黑巧克力液勾边。（图②）

4. 先用黑巧克力填上小鸟的边
   缘和小鸟的眉毛。（图③）
5. 在相应的位置分别填上不同
   色彩的巧克力，做出小鸟
   脸部和头发的图样。（图④）
6. 入冰箱冷藏，至巧克力凝固
   后取出，翻面，即可使用。
   （图⑤）

蛋糕装饰过程

1. 蛋糕体夹馅，用打发奶油抹平表面。（图⑥）
2. 将画好的小鸟图案放在蛋糕中央。用竹签在蛋糕上勾画线条，划出上下不同颜色区域的分割线。（图⑦）
3. 用原色奶油在下半部分和侧面，挤出星星花。（图⑧）
4. 用粉色奶油在小鸟面部和蛋糕周围挤一圈星星花。（图⑨）
5. 用粉色奶油挤出的星星花填满蛋糕的上半部和上侧面。（图⑩⑪）
6. 最后，插上小鸟的羽毛即可。（图⑫）

小贴士

1. 由于蛋糕表面会用奶油挤花覆盖，所以蛋糕在一开始不用抹至纯平。
2. 建议在挤星星花的时候，先挤出脸部表情的边缘，再填满中间，这样边缘会显得较整齐。

奶油霜转印—LOVE 兔蛋糕

奶油霜转印，打造卡通蛋糕。

最终成品

材料

- · 6 英寸圆形蛋糕体一个
- · 打发动物淡奶油
- · 意式奶油霜，可可粉适量
- · 色素：粉色，桃红色
- · 裱花嘴：4 号、10 号
- · 造型刮板一个，烤纸一张

准备工作

1. 制作意式奶油霜（制作方法参见 P31 页）。
2. 将奶油霜分成 3 份，其中一份加入桃红色素；可可粉滴上几滴水调成糊状，加入另一份奶油霜中，拌匀成褐色；第 3 份保留原色。分别用裱花袋装好。
3. 在裱花袋的尖端剪一个小口子。

蛋糕装饰过程

1. 蛋糕体切片、夹馅，用调成粉色的打发奶油做表面抹平，侧面用造型刮板刮出波浪纹。
2. 将画好的"LOVE 兔"放在蛋糕中央。
3. 在周围空白的地方，用 4 号花嘴随意裱出心形图案。
4. 用 10 号花嘴在底边处挤出一圈圆形花边。

意式奶油转印图案制作过程

1. 在烤纸上画上图案，翻面，用褐色奶油霜勾边。（图）

2. 在兔子的耳朵、脸蛋、蝴蝶结上填上桃红色奶油霜。（图②）

3. 在兔子的身体和耳朵上填上白色奶油霜。（图）

4. 用抹刀轻压奶油霜并抹平。（图④）

5. 用原色奶油霜在卡通图案边缘挤一条白边。（图⑤）

6. 再次用原色奶油霜填满卡通图案表面。（图⑥）

7. 用抹刀轻压、抹平。

8. 入冰箱速冻，凝固定型后取出，从烤纸上取下，翻转过来，即可使用。

心形花边裱花技法

1. 手持裱花袋，向右倾斜45°，均匀用力，挤出略像半圆的形状，再轻缓拉出，收尾拉出尖，成品呈水滴形。（心形花边①）

2. 用上述手法反方向挤出一个水滴形，与第一个拼接在一起，即成心形图案。（心形花边②）

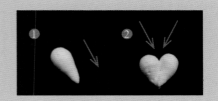

（七）花朵蛋糕

对于如鲜花一般逼
真的奶油霜花朵，
谁能不爱？
这样美貌的蛋糕，
你不想动手
试试吗？

圣诞蛋糕

最终成品

材料

- · 6 英寸圆形蛋糕体一个
- · 打发动物淡奶油
- · 色素：绿色、红色
- · 圆形切模 1 个
- · 花嘴：5 号、352 号、大号平口花嘴（缎带）、
  125 号（裱蝴蝶结用）

蛋糕装饰过程

1. 蛋糕表面抹平。（图①）
2. 用圆形切模在蛋糕表面正中轻轻印
   一个圆形。（图②）
3. 用绿色奶油在印好的圆形两边裱出
   树叶型。（图③）
4. 将树叶裱成一个完整的环形。（图④）
5. 在树叶形成的环形上随意点缀红色
   小圆球。（图⑤）
6. 在蛋糕侧面底部裱上红色缎带及蝴
   蝶结。（图⑥）

树叶裱花技法

花嘴向右倾斜45°，均匀用力地挤出一小段后，往回收一点，照此方法挤两次，缓缓收力拉出叶子的尖端。

蝴蝶结裱花技法

1. 花嘴倾斜约45°，宽口轻轻抵住蛋糕表面，一次性挤出∽形。
2. 在∽形的交接部位挤出两条缎带。

花样年华

简单的两色五瓣花和小叶子，装饰出清纯且不失华美的花朵蛋糕。

最终成品

材料

- 6 英寸圆形蛋糕体一个
- 打发动物淡奶油
- 色素：粉色、绿色
- 裱花嘴：104 号、68 号、2 号、4 号
- 裱花钉、造型刮板各一个

蛋糕装饰过程

1. 蛋糕体抹平，用刮板在侧边刮出花纹。裱花袋装好玫瑰花嘴，将调好颜色的粉色动物淡奶油装入裱花袋。（图①）

2. 在花钉上挤上少量奶油做花托。（图②）

3. 手持裱花袋，玫瑰花嘴小头朝上，花嘴大头轻轻抵住挤好的花托，斜度约45°。轻转花嘴上部小口，力度均匀地往右挤出第一片花瓣。（图③）

4. 将花钉转动方向，继续按上面的步骤挤出第二片花瓣。（图④）

5. 一共挤出 5 片花瓣，用剪刀取下，放到蛋糕上。（图⑤）

6. 用原色奶油（2 号花嘴）在粉色五瓣花上点出 5 点花蕊。（图⑥）

7. 用原色打发奶油照以上方法挤出数朵五瓣花，用粉色奶油点出花蕊。白色和粉色花朵交错放置在蛋糕体边缘，呈环形。

8. 另取一裱花袋，装上绿色打发奶油，用 68 号花嘴在适当的位置挤上小叶子。（图⑦）

9. 最后在蛋糕底部用 4 号花嘴挤上小圆点花边。

玫瑰玫瑰我爱你

简单的花朵装饰，慕斯蛋糕顿时大变样。

最终成品

材料

- 6 英寸慕斯蛋糕一个
- 意式奶油霜适量
- 色素：粉色、绿色
- 花嘴：10 号、104 号、3 号、352 号
- 花边压模 1 个（可不用）
- 裱花钉，烤纸

玫瑰花朵裱花技法

花嘴：104 号、10 号。

1. 在裱花钉上抹一点奶油霜。（图①）
2. 贴上剪好的烤纸。（图②）
3. 裱花袋装上粉色奶油霜，左手捏住裱花钉，用 10 号花嘴垂直地在烤纸上挤出圆锥状花心。（图③）
4. 104 号花嘴小头朝上，贴住花心，左手慢慢转动裱花钉，右手围绕花心均匀用力地挤出奶油霜，包裹花心。（图④）
5. 左手轻缓地往左转动，右手同时均匀用力，往前画出圆弧形，挤出花瓣。以此方法挤出第二片、第三片花瓣，包裹住步骤 4 做出的花苞。（图⑤）
6. 用原色奶油霜挤出中层 5 片花瓣。从第 4 片开始，花瓣高度应低于前面的。（图⑥）
7. 挤出外围的最后 7 片花瓣。（图⑦⑧）

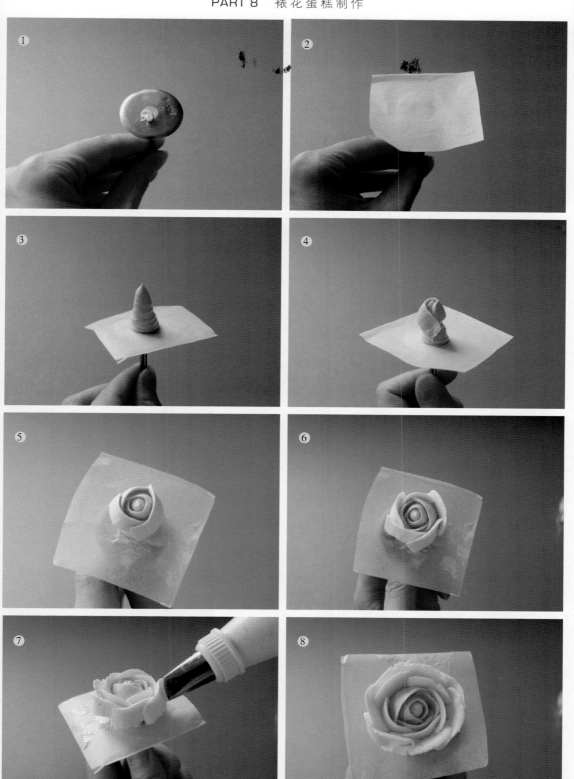

玫瑰花蕾裱花技法
⊔ 花嘴：104号、3号。

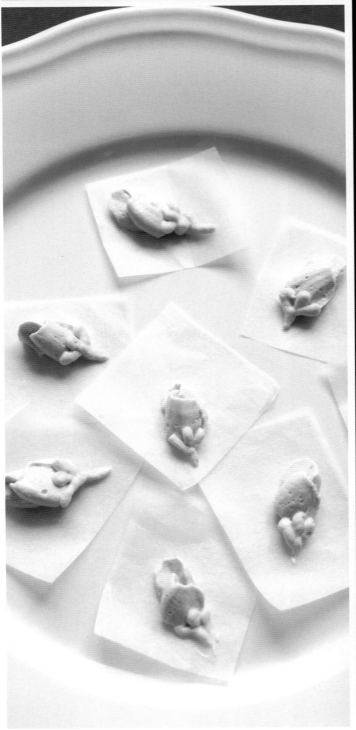

1. 在裱花钉上抹一点奶油霜，贴上剪好的烤纸。

2. 裱花袋装上粉色奶油，左手持裱花钉，右手持裱花袋，采用挤"五瓣花"的方法：104号花嘴小头朝上，花嘴大头轻轻抵住烤纸，斜度约45°；轻转花嘴上部小口，向右力度均匀地挤出花瓣（图①），挤到出现圆弧的时候向左边拉出，形状如同⊃。（图②）

3. 花嘴轻轻挨着第一片花瓣的转折处，向右均匀用力，挤出一个朝外的圆弧形花瓣。（图③④）

4. 用3号花嘴在花萼处依次挤出三片萼片。（图⑤⑥）

> **小贴士**
> 玫瑰和玫瑰花蕾裱好后，放入冰箱冷藏或冷冻几分钟，待花瓣略凝固后，再放到蛋糕上。此方法适用于本章提到的所有奶油霜裱花的花朵。

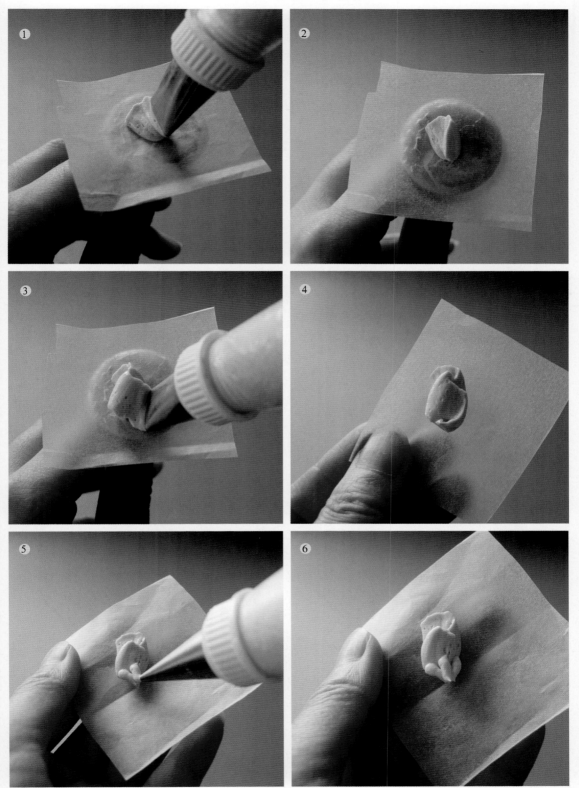

最终成品

蛋糕装饰过程
📛 花嘴：104号、10号。

1. 用花边压出花边纹路（也可用竹签自己画）（图①）

2. 用3号花嘴按照步骤1画出的纹路挤出花藤（图②③）

3. 在需要放上玫瑰花朵和花蕾的地方，挤上少量奶油霜（图④）

4. 放上玫瑰花朵和花蕾（图⑤⑥）

5. 用352号花嘴挤出叶子（图⑦）

6. 蛋糕底部用原色奶油霜挤出贝壳花边（图⑧）

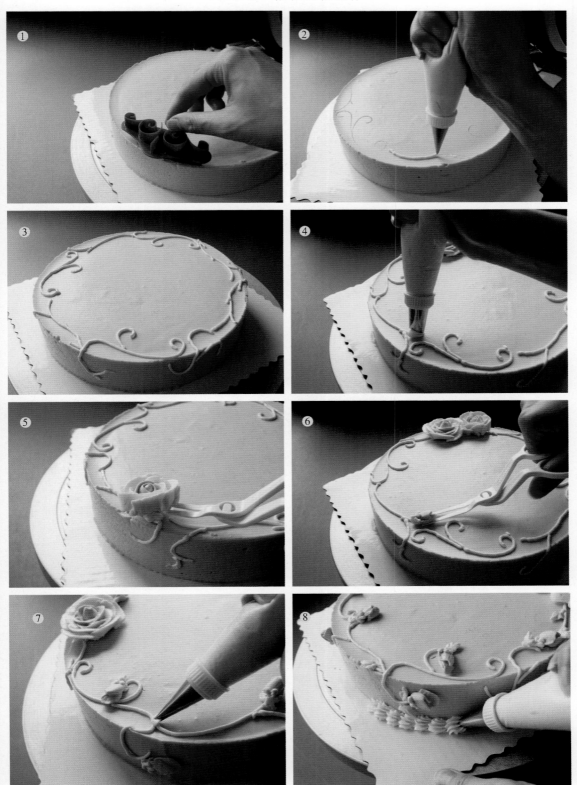

雏菊花篮

淡雅的小雏菊，配以逼真的竹篮造型，这样的花朵蛋糕谁能不爱？

最终成品

材料

- · 8 英寸心形蛋糕体一个，打发动物淡奶油，意式奶油霜适量
- · 色素：紫色、黄色
- · 花嘴：104 号、101 号、7 号、2 号、47 号、16 号
- · 裱花钉 1 枚、烤纸适量

准备工作

- · 制作意式奶油霜。方法参见本书 P31 页。
- · 用黄色色素调制少量黄色奶油霜,用于裱雏菊花蕊。
- · 裱数朵大小不一的雏菊，入冰箱冷冻成型。
- · 用紫色色素调制奶油霜。

雏菊裱花技法

花嘴：104 号、101 号、7 号、2 号

最终成品

① 104 号花嘴，约 45°倾斜，拉出花瓣顶端小弧形后，直立拉出细细的花瓣到花钉中心。

② 按照①中所述，按时钟 12 个小时的点依次挤出花瓣（可以更多）。

③ 用 7 号花嘴，黄色奶油霜挤出圆形花心。

④ 在花心上用 2 号花嘴挤出小点做花蕊。

⑤ 将做好的花朵速冻几分钟至冻硬，即可取下放到蛋糕表面做装饰。

更小的雏菊用 101 号花嘴挤花瓣，方法相同。

竹篮花边裱花技法
⊔ 花嘴：47号

1. 根据蛋糕侧边的长度，垂直挤出一条直锯齿边。

2. 再挤出几条横短线，横跨在步骤1的直线上，间距是花嘴口的宽度。

3. 继续挤出一条与步骤1平行的直线，盖住步骤②中短线的尾端。

4. 在两条竖的平行线间的空白处挤上横短线。

5. 以此方法重复上述步骤，即可形成竹篮花边。

绳索花边裱花技法

花嘴：16 号

❶ 裱花袋向右倾斜 45°，挤出一个∽形。

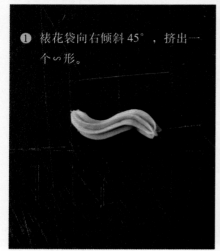

❷ 在∽的 1/2 处挤一个大小一样的∽型，并照此方法连续挤下去。

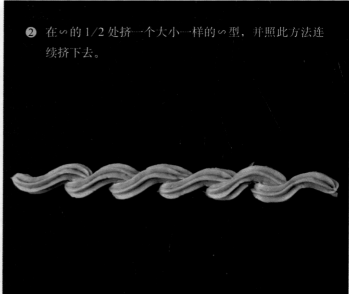

❸

1. 蛋糕体切片、夹馅，用原色打发动物淡奶油做表面抹平，侧面略作抹平即可。
2. 在蛋糕体侧面用 47 号花嘴挤竹篮花边。（图❶）
3. 用 16 号花嘴在蛋糕表面边缘和底部边缘挤绳索花边。（图❷）
4. 用小抹刀将冷冻好的雏菊放到蛋糕体上。（图❸）
5. 最后用 3 号花嘴在蛋糕中心空白处写上祝福文字。

蛋糕装饰过程

1

2

香槟玫瑰

小巧的玫瑰、简单的蕾丝花边，打造出欧式风格蛋糕。

材料

- 8 英寸椭圆形蛋糕体一个
- 打发动物淡奶油，意式奶油霜适量
- 色素：绿色、玫红色、粉色
- 花嘴：8 号、102 号、352 号、2 号、4 号
- 裱花钉 1 枚，烤纸适量，竹签 1 根

准备工作

　　制作意式奶油霜，分份后再分别加
入色素，调配成浅绿色、粉色和玫红色。

最终成品

蛋糕装饰过程

Ⅱ 花嘴：4号、102号、352号

1. 蛋糕体夹馅、表面抹平，用竹签在蛋糕中心画一个椭圆形（图　）
2. 在画出的椭圆上用4号花嘴，垂直于蛋糕表面，挤出小圆点花边（图　）
3. 在小圆点花边内，放上用102号花嘴挤出的玫瑰花和玫瑰花蕾（图　）
4. 裱花袋装上352号叶子花嘴，并装入一半原色奶油和一半绿色奶油，在玫瑰花间隙中随意挤出叶子（图　）
5. 在蛋糕表面边缘，用2号花嘴挤一圈约1.5cm宽的蕾丝花边
6. 在蛋糕侧面底部，用4号花嘴挤上一圈水滴形花边。玫瑰花朵裱花技法参见本书P110页《玫瑰玫瑰我爱你》

玫瑰花蕾裱花技法

🔽 花嘴：8号、103号

最终成品

1. 在裱花钉上抹一点奶油霜，贴上剪好的烤纸。
2. 左手捏住裱花钉，8号花嘴垂直地在烤纸上挤出圆锥状花心。
3. 103号花嘴小头朝上，贴住花心，左手慢慢转动裱花钉，围绕花心右手均匀用力挤出奶油霜，包裹花心。
4. 左手轻缓地向左转动，右手同时均匀用力，向前画出圆弧形，挤出花瓣。以此方法一共挤出4～5片花瓣即可。

蕾丝花边技法

用2号花嘴不规则地挤出均匀、不重叠的线条。

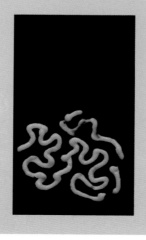

水滴形花边技法

手持裱花袋，向右倾斜45°，均匀用力，挤出略像半圆的形状，再轻缓拉出，收尾拉出尖。

用上述手法连续挤出，保持大小一致，即可挤出水滴形花边。

需注意：在挤花边时，后一个要略遮住前面一个的尾部。

（八）立体蛋糕

不用立体蛋糕模具能不
能做出立体蛋糕？
只要你想，就有可能

一杯咖啡

在半球形蛋糕上，用巧克力配件和奶油打造咖啡杯形状的蛋糕。

最终成品

材料

· 6 英寸半球形咖啡海绵蛋糕体一个

· 打发动物淡奶油、咖啡粉适量

· 甘纳许：可可脂黑巧克力 80g，淡奶油 80g

· 12 号花嘴 1 个，裱花袋 1 个

· 大杏仁 2～3 粒，咖啡豆形巧克力豆、圆形巧克力豆各几粒，可可粉微量，蛋糕插牌 1 个

准备工作

1. 隔水融化可可脂黑巧克力，在烤纸上画出杯子蛋糕需要使用的巧克力配件。（图①）

2. 制作巧克力甘纳许。（做法参见 P85 页）

蛋糕装饰过程

1. 在咖啡海绵蛋糕的顶部中央削开一片圆形，备用；将蛋糕体挖空。（图②）

2. 将蛋糕体倒扣到晾架上，淋上甘纳许，放入冰箱冷藏，至甘纳许凝固。（图③④）

3. 咖啡粉用微量温水融化后，加入打发好的奶油中拌匀，制成咖啡味奶油。

4. 取出蛋糕，翻面，将打发好的咖啡奶油，填入挖空的地方（图⑤）。

5. 盖上事先削下来的圆形蛋糕片，轻轻拍平。（图⑥）

6. 在蛋糕表面用 12 号花嘴，绕圈挤上原味奶油，将事先画好的巧克力插件插在蛋糕上，做出杯子和热气腾腾的造型。放上装饰用的大杏仁和巧克力豆，筛上微量可可粉，插上插牌。

小贴士

1. 怕巧克力插件弄断，可以多画几个备用。

2. 最后挤表面奶油时，边缘不用太整齐，以营造奶泡外溢的真实感。

汽车蛋糕

用圆形蛋糕切割、拼接、装饰，做成超 Q 的立体汽车蛋糕。

最终成品

材料

- · 8英寸圆形蛋糕体一个
- · 打发动物淡奶油
- · 色素：绿色
- · 纯可可脂黑巧克力、白巧克力适量
- · 花嘴：3号、16号、18号

 准备工作

1. 隔水融化黑、白巧克力，在烤纸上画出汽车需要使用的巧克力配件。
2. 制作巧克力生日牌。（均见图①）

蛋糕制作过程

1. 将蛋糕体切掉两侧弧形。（图②）
2. 将A中段切出一个凹形。（图③）
3. 将A横剖成两片，夹上奶油和水果，表面抹少量打发奶油，把BC放到车身位置，并在表面用剪刀做适当的形状修剪。（图④）
4. 在蛋糕表面抹上打发奶油，此时蛋糕呈现出小汽车形状。（图⑤）
5. 在车身上，用竹签勾画车窗，用融化的巧克力在划痕上画出线条，将做好的轮胎、车灯配件贴到相应位置。（图⑥⑦⑧）
6. 在车窗的位置，用原色打发奶油均匀地挤上星星花。（图⑨）
7. 在车身的其余地方挤上绿色的奶油星星花。然后将做好的反光镜、生日牌贴到相应位置。（图⑩）

小贴士
车轮可用圆形巧克力饼干代替。

Part 9

剩下的奶油怎么办

制作完蛋糕，剩下一些打发奶油，倒掉实在太可惜。
可以利用这些奶油制作一些小甜点杯，作为独特的下午茶甜点。

木糠布丁蛋糕

材料

· 打发动物淡奶油约 150g
· 炼奶 30g
· 柠檬汁数滴（可不加）
· 谷优玛丽亚饼干

蛋糕装饰过程

1. 将玛丽亚饼干放入碾磨器碾磨成细粉，备用。（图①）

2. 打发的动物淡奶油中加入炼奶，滴入柠檬汁，拌匀。迅速入冰箱冷藏。（图②③）

3. 取出几只杯子，在杯子底层放入一勺玛丽亚饼干粉，压平。（图④⑤）

4. 从冰箱取出拌匀的动物淡奶油，装入裱花袋，挤到饼干层上。（图⑥）

5. 再舀一勺玛丽亚饼干粉放入挤好奶油的杯子中，摇动下杯子，让饼干粉比较均匀地铺在奶油上，再用勺子轻轻压平整。（图⑦）

6. 接下来挤一层奶油、舀一层玛丽亚饼干粉，直至装满整杯。（图⑧）

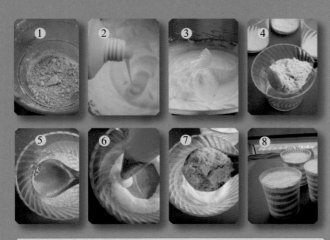

小贴士
1. 本方子使用的是含糖炼奶，为防止太腻，可滴入一些柠檬汁来中和甜味。
2. 如果没有玛丽亚饼干，可以选择早餐奶饼或者消化饼干来代替。

奶油水果杯

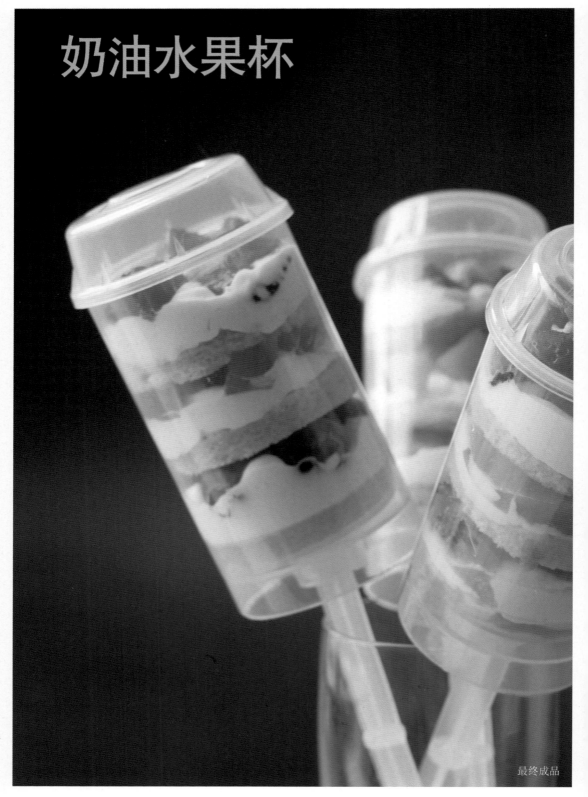

最终成品

材料

- 打发奶油适量
- 切好的蛋糕片数片
- 水果适量

蛋糕装饰过程

1. 杯中放入 1 片蛋糕片。（图①）
2. 在蛋糕片上挤上打发奶油。（图②）
3. 在奶油上放上适量水果粒。（图③）
4. 然后按照步骤 1 ～ 3 继续操作两次，装饰成 3 层。（图④）

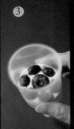

妙招

根据此方法可以做出不同口味的水果杯。

A. 基础版：奶油水果杯。

B. 升级版：酸奶水果杯，奶油中加入少量酸奶搅打均匀。

C. 中级版：乳酪水果杯，奶油中加入少量打发柔滑的奶油乳酪拌匀。

D. 高级版：卡仕达奶油水果杯，奶油中加入少量卡仕达酱拌匀。

E. 奢华版：马斯卡彭奶酪水果杯，奶油中加入少量打发柔滑的马斯卡彭奶酪拌匀。

卡仕达酱做法可参见《烘焙是个甜蜜的坑》。

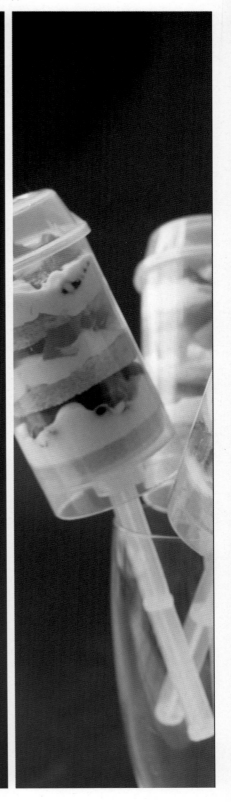